花之魂

花之魂

[捷]帕夫琳娜·考尔科娃　著
燕子　译

中国科学技术出版社
·北　京·

图书在版编目（CIP）数据

花之魂 /（捷）帕夫琳娜·考尔科娃著；燕子译.
北京：中国科学技术出版社，2024. 8. -- ISBN 978-7
-5236-0951-4

Ⅰ. S68-49

中国国家版本馆 CIP 数据核字第 2024215D3G 号

著作权合同登记号：01-2024-2789

策划编辑　王铁杰
责任编辑　王铁杰
封面设计　中文天地
正文设计　中文天地
责任校对　吕传新
责任印制　李晓霖

出　　版　中国科学技术出版社
发　　行　中国科学技术出版社有限公司
地　　址　北京市海淀区中关村南大街 16 号
邮　　编　100081
发行电话　010-62173865
传　　真　010-62173081
网　　址　http://www.cspbooks.com.cn

开　　本　710mm × 1000mm　1/16
字　　数　110 千字
印　　张　10
版　　次　2024 年 8 月第 1 版
印　　次　2024 年 8 月第 1 次印刷
印　　刷　北京顶佳世纪印刷有限公司
书　　号　ISBN 978-7-5236-0951-4 / S· 802
定　　价　98.00 元

（凡购买本社图书，如有缺页、倒页、脱页者，本社销售中心负责调换）

目录

帕夫琳娜·考尔科娃的世界

乡间田野是帕夫琳娜·考尔科娃的家，更是她长久生活的地方。那里到处是森林、草地、花园……倘若你有幸在这里遇到她，她很可能正在俯身凝视一朵鲜花，深情地抚摸着一根缀满鲜花的枝条；或许，正在亲吻着一片草地，贪婪地吸吮着花朵的芬芳；或许，正在忘情地注视着远方的景物，脸上写满了崇敬与赞美。有时，她会从野外带回一朵花，放在画桌上，开始为花作画且数小时不辍。在她的家里，到处充盈着花的气息，花瓶里，鲜花生机盎然；画纸上，花朵栩栩如生。

鸢尾、牡丹、玫瑰……还有那些很普通的野花，都是她的最爱。普通的喇叭花就是她经常佩戴的首饰。即使花儿即将枯萎，她也能看到花儿们那些值得尊敬的独特品质。她毫无保留地热爱着所有的花。

为了创作一幅水彩画，她可以耗时 1 个月，先用细笔勾勒出花的自然轮廓，然后再仔细地一层层上色，耐心地等待颜料变干。通过极为精确和温柔的笔触，她让花容与花魂都跃然纸上。考尔科娃画的花，会让你产生一种想置身其中去触摸它们的冲动，会让你想要仔细审示画中每个花瓣、每片叶子、每层花皱。如果在墙上悬挂一幅她的鲜花绘画，就仿佛家中有了一座美丽的百花园。

考尔科娃的艺术才华已引起了世人关注，没用多长时间她便成了英国植物艺术家学会、美国植物艺术家学会的会员，这两家学会的会员来自世界各地，都是知名的艺术工作者。考尔科娃的知名度还远不止于此，英国植物艺术家学会的杂志已经刊发她的多幅画作，在伦敦举办的全球最大的植物艺术博览会上，其画作《黑色背景下的蒲公英耳环》被选中用作博览会的海报。在一次于韩国首尔举办的博览会上，帕夫琳娜·考尔科娃的画作获得了特别荣誉奖。由于她所取得的一系列成就，考尔科娃现在已成功跨入全球杰出的植物艺术家行列。

然而，她原本可以走一条完全不同且更加便捷的生活之路。她拥有两所大学的专业学位：一个是查尔斯大学教育学院的生态与健康生活方式专业的学位，另一个是捷克生命科学大学的园林景观与美化设计专业的学位。无论哪一个都可以让她在捷克布拉格拥有一份受人尊敬且报酬丰厚的工作。然而，对笔墨丹青的渴望最终战胜了诱惑。

就这样，她走上了艺术之路，将对鲜活生命的热爱与对绘画的钟情有机结合在了一起。这好比一粒种子，一旦进入适宜的土壤，必将破土而出，茁壮成长，绽放出美丽的花朵。

早在荷兰求学阶段，她就加入了一个科学家团队，对西撒哈拉进行了两次考察活动，为《撒哈拉的药用植物》一书创作了植物插图，还为《独龙江上游考察记》一书绘制了示意图。学业结束后，她在英国从事园林设计工作，因为职业关系，她参观了在伦敦举办的切尔西花展。正是在那里，一条艺术丝线开始形成，最终汇成一张大网，将其人生牢牢地固定在艺术领域。看到那么多精美绝伦的大幅花卉画作，她心潮澎湃，产生了一种强烈的冲动——她必须找到那些作者直抒胸臆。此时她蓦然领悟：这才是她今后应该选择的人生之路。

回到捷克后，虽然她仍继续从事着园林设计工作，但兴趣爱好已开始转移到画花这个对她而言头等重要的事业上来。但很快她发现，时间不敷支用——白天要完成本职工作，因此她必须每天一大早起床来作画，晚间还要创作到深夜。有限的时间让她只能在两种职业中选择其一。尽管她也曾对自己是否有能力以绘画谋生有过疑虑，但最终还是决定冒险一试。她放弃了自己的全职工作，成了一名自由职业者。

除了遵从自己的兴趣爱好进行创作，她还为儿童书籍绘制插图，并与多家涉及草本植物产品的公司有合作关系。随后，她的作品，无论是画作原件还是限量发行的美术出版物，都变得炙手可热，她终于有底气拒绝商业性的委托了。

尽管获得了巨大的成功（绘画可以为她提供优渥的生活条件），但考尔科娃仍然本能地远离大众视线。一般情况下，她会将自己的作品放在社交网络上进行展示，而对将画作提交到展会上或参加各种比赛总是颇为踌躇。2018 年，俄罗斯植物艺术家协会在莫斯科主办了名为“植物：神话与传奇”的展览。当她受邀展出作品时，不难想象她是何等的惊讶。在那里，她不仅展出了自己的绘画作品，而且还主持了一个有关大画幅植物插图的专家讲习班。直到现在，她仍然认为，那次能被邀请成为全球植物艺术家的一员，不啻是一个小小的奇迹。

如今，考尔科娃正全身心地投入绘画当中，欣赏自然之美，享受创作之乐。她说，对她而言最大的回报是，当作品被客人带走时他们所表现出的那份快乐。

她的祖父已年逾九旬，仍活跃在画坛。她与祖父始终保持着通信联系，每封长信都是亲手书写。祖父不仅让她遗传了艺术天赋，还引导她走上了艺术之路。

作家写花、画家画花，永无终期，只缘花容无限、美丽常在。

待花以敬

一沙一世界
一花一天堂
掌中生无限
瞬时育永恒

——英国诗人、画家、出版人威廉·布莱克

花如人生，似都遵循着相同的成长轨迹。就花而言，花蕾初萌，弱小难辨；含苞待放，始露端倪；花瓣渐开，花姿尽展，花的美丽、绚烂与芬芳就会次第呈现。不过，花开花落，终有凋零之时，但花带给我们的美好感受会长久留存在记忆里，融入我们的心灵中。变化只是一种形式，时光可带走外在的新奇，却带不走内在的灵魂，新的生命将由此再生，周而复始，永不停息。

因为美丽、神秘、优雅和高贵，自古以来，艺术家们（画家、文学家、诗人、建筑学家等）对花的兴趣经久不衰。

花美化着园林，装点着庭院，让风景更加秀丽。花为人类提供了食物，让我们身心愉悦。花为人类治病止痛，为我们带来了健康与信心。花为人类带来了勇气，因此会被印刻在贵族与骑士的盾徽之上。花是人类社交的媒介，它用独特的语言为我们传递情感。当你不知该以何种方式表达的心意时，那就送上一束鲜花吧！

在考尔科娃眼中，花不只是一株有茎、有叶、有花瓣的植物，更是一个完美的精灵。要在画作上呈现花的美丽，不仅需要具备深刻的领悟力，还需要付出极大的耐心。此外，她还会从精神情感等多种视角对花进行审视，从中发现其灵魂所在。她将自己对花的热爱、敬重和谦逊都融入笔墨之中，进而让花的风姿与神韵尽展纸上。

菊苣

Cichorium intybus

纵览古今识此花

这种蓝色的花朵恰似一位蓝眼睛姑娘的双眸，它正翘首期盼着心上人从战场归来。然而，秋水望穿，伊人不归，自己也花容不再。在斯拉夫语言中，这种花就叫作“等待者”。或许正是这个原因，此花有时被称为“苦恼花”，也是忠贞不渝的爱情象征。除了寒冷地区外，可在世界各地茁壮生长。

在许多传说与信仰故事中，都有这种花的身影，但并不总是被蒙上一种悲情色彩。事实上，在古老的东方，它被当成一种神秘而美好事物的载体。埃及人认为它是一种灵丹妙药。捷克人的祖先认为，任何人如果在瓦尔普吉斯之夜（欧洲一些国家在4月30日或5月1日举行的庆祝春天到来的节日活动，译者注）采摘了这种花，就将具有隐身能力。在圣彼得与圣保罗节（基督教的一个节日，以纪念耶稣的两个忠实使徒圣彼得和圣保罗的殉道，编者注），一个渴望爱情或友情的人可以用这种花来触碰自己心仪的对象。

菊苣属于菊科植物，具有药用价值，开出的花美丽动人，因此而广受赞誉。菊苣全身是宝，每一部位都可为人类所用。据说，它有抵抗寄生物的效用，还有强肝益胆的功能，可以促进人体新陈代谢。此外，菊苣还是一种温和的利尿剂，能够降低血糖，治疗便秘，改善消化系统等。将菊苣的根磨成粉，还可以成为咖啡的替代饮品。

菊苣是养蜂人的最爱。菊苣蜜比较少见，呈淡黄色，具有与葵花蜜类似的风味。酿酒师在啤酒中加入烘焙过的菊苣，可以改善啤酒的口味。据称，菊苣根中的菊粉含量比甜菜还高，可以用作甜味剂。

以画为媒颂花魂

菊苣花纯蓝的色彩呈现出蓝天的柔和感，考尔科娃在乡间散步时经常映入眼帘。为了构思这样的画面，她曾十分纠结，总感觉有什么地方不对劲儿，似乎缺少了什么东西。终于有一天，她恍然大悟，知道怎么做了：菊苣画作中必须要有蜜蜂的身影。菊苣能产生大量的花粉，是蜜蜂的最爱。这幅菊苣画是她的第一幅大尺寸画作，画中既展现了植物风采，也勾勒出了昆虫的灵动。

→水彩画《菊苣》(2019)，
尺寸：20 cm x 62 cm

紫色圣诞玫瑰

Helleborus pupurascens

纵览古今识此花

圣诞玫瑰与《圣经》有关。在《圣经》中，一位贫穷的牧羊姑娘为了一睹圣婴风采，长途跋涉来到了伯利恒（耶稣降生地），却因为没有礼物而跪地哭泣。稍顷，她看到了雪地里盛开的紫红色的圣诞玫瑰。传说，佩戴这种花的人都会青春永驻。于是她献上这种花作为礼物。

紫色圣诞玫瑰，又称红紫嚏根草，属毛茛科。传说，它的花与魔法有关，可制成“飞行药膏”，有助于巫师提高飞行本领，甚至还可以让人隐身。

紫色圣诞玫瑰具有较强的毒性，曾被凯尔特人用来制作狩猎用的毒箭。他们还将它悬挂在牲畜棚中，以驱离恶魔。在古罗马，这种植物所含的毒素被称为“helleboro”（藜芦，编者注），其拉丁文学名就源于此。远古时代，民间医生用这种毒素治疗心脏疾患，抑制疹子，治疗精神失常，以及治疗癫痫或一些妇科疾病。然而，使用这种植物治疗疾病也存在很大风险，一旦过量，就可能导致患者丧命，因为其含有的强心苷成分与毒性很强的毛地黄功效类似。如今，这种植物已被禁止作为药物来使用。

紫色圣诞玫瑰是冬季开花的植物之一，在英国、德国和法国，人们常在圣诞节期间用这种花来装饰餐桌、制作花环或其他花卉装饰。据说，如果一个人收到这种花作为礼物，那么他（她）很可能会出现在送礼者的梦境中。

紫色圣诞玫瑰所在的铁筷子属，主要生长在欧洲，但在亚洲以及北非部分地区也可以见到它们的身影。

以画为媒颂花魂

在植物艺术家笔下，紫色圣诞玫瑰屡见不鲜。漂亮的花朵常使人们联想起野蔷薇。这种花在花瓶中也能盛开较长时间，从而让艺术家可以从容地以画笔捕捉它的风姿。其叶子呈深绿色，极适合用于装饰。在考尔科娃最初的植物作品中，就有紫色圣诞玫瑰，构图较为夸张，不同于其他作品。

←水彩画《紫色圣诞玫瑰》（2018），尺寸：33 cm × 36 cm

大叶绣球花

Hydrangea macrophylla

纵览古今识此花

在许多欧洲的童话故事中，都有一位名为“霍滕西亚”的公主，而绣球花的另一种英文名称就是“Hortensia”。原因很简单，绣球花不仅有外观典雅的花序，而且每朵花也异常美丽精致，毫无疑问，它就是花公主。

绣球花不但是作家和艺术家笔下的宠儿，而且也是园艺家们的最爱。干燥的绣球花常被用在小的艺术作品中，如制作花环以及其他一些装饰品，具有很好的观赏效果。绣球花的鲜切花插在花瓶中可以盛开很长时间。

当女士收到的礼物是绣球花时，她可要当心了。绣球花的花语代表着求婚。

绣球花属于绣球科（八仙花科）的一员，该科有超过 70 个品种，包括小灌木、灌木、乔木和藤本植物等不同形态。这种花在亚洲生长最为茂盛（中国和日本是其故乡），在美洲也能很好地生长。在欧洲，尽管绣球花很常见，但没有一种是本土品种，它们是在 19 世纪才来到欧洲的。虽然不需要过多的照料，但对土壤中钙的含量非常敏感，因此，大约 19 世纪 80 年代才在欧洲大行其道。只要条件合适，绣球花就会不吝以华丽的花朵来回报它的主人。在高酸性土壤条件下，它的花是蓝色的，而在碱性土壤条件下，它会开出粉红色的花朵。

←水彩画《绣球花与白光》（2020），采用水粉画法，尺寸：58 cm × 37.5 cm

人们可能认为荷兰人与英国人是绣球花的人工培育大师，夸张一点说，在这两个国家，到处都可以见到绣球花的身影。

以画为媒颂花魂

如此大量的小花聚集在一起，构成了无比美丽的花序，这样的景象有时会使考尔科娃联想到无数小蝴蝶聚集在一起的画面。绣球花多变的颜色形成了绚丽的组合，它还是少数几种即使在干燥之后仍能保持魅力、令人陶醉的花卉之一，这也是它的神奇所在。

←水彩画《绣球花》（2020），
尺寸：53 cm × 57 cm

↑水彩画《绣球花》（2017），
尺寸：43.5 cm × 56 cm

风信子

Hyacinthus orientalis

纵览古今识此花

风信子的花引人注目，香气袭人。在希腊神话中有多个故事讲到此花的来源。雅辛托斯（Hyacinthus）是缪斯女神克利俄（Clio）与马其顿国王皮埃罗斯的儿子，也是太阳神阿波罗（Apollo）和西风神（Zephyrus）同时心仪的青年，而他只对阿波罗情有独钟，这引起了西风神的强烈嫉恨，因此西风神在一次掷铁饼游戏中杀死了雅辛托斯。在这个年轻人喷溅出的血液中长出了风信子。为了纪念他，斯巴达人每年夏天都要举行为期三天的风信子节。其中的第一天是为雅辛托斯的死亡举行哀悼，第二和第三天则是为他以花的形式获得新生而举行庆祝。这一神话出现在古罗马著名诗人奥维德的《变形记》中。（风信子的属名“*Hyacinthus*”即源自雅辛托斯的名字，译者注）

沃尔夫冈·阿马德乌斯·莫扎特（Wolfgang Amadeus Mozart）11 岁时创作了歌剧《阿波罗与雅辛托斯》（*Apollo et Hyacinthus*），所依据的正是这则故事。而据当时的传说，阿波罗钟情的对象是雅辛托斯的姐姐，并非雅辛托斯。

这则故事还有另外一个版本。阿波罗和雅辛托斯玩投掷游戏的声音惊醒了女神达芙妮（Daphne），阿波罗对达芙妮产生了爱慕之情，而达芙妮却给自己立下誓言，将许配给他们两个之中投得更远的那一位。游戏中，阿波罗投出的一个铁饼击中了雅辛托斯的头部，致他意外死亡。为了纪念这位年轻人，达芙妮在地上放置了许多白色、蓝色和黄色的蜡烛，而这些蜡烛又被命运三女神（Fates）变成了花。

风信子属于百合科风信子属，其中有三种在亚洲西南部分布很广。而在欧洲，风信子被人工培育成了一种观赏性花卉，春天来临时，它与水仙花、郁金香一起构成了一道亮丽的花卉风景线。即使在花盆中，风信子也能像在花园中那样很好地生长。虽然它并不含有任何有益健康的物质成分，也没有什么药用价值，但香水制造商对它喜爱有加，常用它来生产奢侈型香水。

如果你收到风信子花作为礼物，应当为此高兴，它的花语意味着送礼者的心是与你在一起的。

以画为媒颂花魂

风信子的花序由数十枚小花共同构成，美丽异常，散发着醉人的芳香，这是生命力的表达，是对春天的礼赞。每当考尔科娃将它带回家，总是对花盆内这株小小的鳞茎感叹不已，它何以能在如此短的时间内爆发出如此的生命活力，绽放出如此高贵华丽的花朵呢！这种花会使居室满屋生香。

→水彩画《风信子》(2017)，
尺寸：29 cm × 40 cm

矢车菊

Centaurea cyanus

纵览古今识此花

矢车菊最初只生长在亚洲西南部地区以及欧洲东南部，后被逐渐引种到世界各地。如今，在欧洲、大洋洲、美洲以及中亚和西亚等地，都可以欣赏到这种迷人的花卉。

据民间传说，矢车菊能唤起男人的爱慕之情。女子胸前如果佩戴上此花，人们会相信她对爱情忠贞不渝。用矢车菊做成花冠挂在小屋中，可以给人带来好运。

在俄罗斯有个传说：在第聂伯河畔有一位青年男子，父母要求他娶村里一位富家姑娘为妻，但他爱上了仙女。当父母威胁要杀害这位仙女时，青年被迫同意了父母的指婚。然而，在骑马去未来新娘家中准备订婚的路上，他改变了主意，调转马头逃走了。他再也没回家，朋友们开始四处去寻找，但都没有寻见他的踪影，后来在一棵柳树下的洞穴里，发现了他的银质腰带，以及大量像他眼睛颜色一样的蓝色花朵。当他的朋友们想继续寻找他的踪迹时，一位老妪告诉他们，青年的血液融入仙女怀抱后就变成了蓝色，然后就长成了矢车菊。

当年，德国皇帝威廉一世对矢车菊非常敬重，因为这种花会让他想起他的母亲路易丝。在从拿破仑一世侵略军铁蹄下逃亡的过程中，他一直带着用矢车菊为母亲编制的花冠。赠送矢车菊是表达祝福的一种方式。

在法国，战争的受害者，如那些遗孀和孤儿们会用矢车菊表达对逝去亲人的怀念。而在纪念日，法国人会将矢车菊挂在那些依然健在的老兵衣领上，以表达对他们的敬意。

在爱沙尼亚，如今矢车菊已成为国花。

矢车菊是菊科矢车菊属的一种，十分漂亮，也比较娇贵。由于对土质比较敏感，所以并不是在哪里都能生长的。矢车菊具有药用价值，可制成药茶和酊剂，对于普通感冒、流感、胃溃疡、尿路感染具有一定疗效，对保护眼睛也有好处。此外，矢车菊还被用于化妆品生产，有益于保护皮肤和头发。

人们曾经相信，如果一个人首次看到矢车菊时就用它擦拭眼睛，他们的眼睛在一整年内都不会染疾。

矢车菊还能缓解伤害造成的持续疼痛。在希腊神话中，人面马身的喀戎（Chiron）就用矢车菊治疗毒箭造成的伤痛，毒箭是赫拉克勒斯（Heracles，大力英雄）射出的，箭头上蘸有九头蛇的毒血。

矢车菊可以食用，因此也被用于食品生产。在加工蛋糕时用些矢车菊，看起来就非常棒！

以画为媒颂花魂

矢车菊极其美丽。在一次游览波希米亚森林时，考尔科娃拍到了一些矢车菊的照片，那非同寻常的蓝色，哪怕是从车中向外看，都会让人感到很震撼，因此她不由得拽住一些采了下来。那一年，矢车菊的花头长得很大，能像这样偶遇它们，别提多高兴了，这也让考尔科娃有机会画些矢车菊的作品了。

←水彩画《棕色疆矢车菊属植物》（2018），尺寸：55 cm × 39 cm

↑《田野中的矢车菊》（2017），采用混合技法，尺寸：35.5 cm × 41 cm

←水彩画《矢车菊》（2020），尺寸：34 cm × 57 cm

苹果花

Malus domestica

纵览古今识此花

如果没有苹果树，或许这个世界就是仅有亚当和夏娃两个人的伊甸园了。然而，正是两人偷吃了智慧树上的禁果，因而成了人类的祖先。我们不能肯定这棵问题树就是苹果树，也许是因为“malus”（苹果树的拉丁文）这个词与“malum”（罪恶的拉丁文）相似，“苹果树”一词才出现在《圣经》中。

在犹太法典的注释中，这棵树指无花果树。又因“chitah”（小麦）和“cheit”（罪恶）这两个词很相似，所以这种诱获人的作物甚至还可能是小麦。当然，在希腊神话中并不存在这种混淆的事。根据希腊神话，赫斯珀洛斯四姊妹负责守护上帝的金苹果园，由于工作粗心大意，她们让女神阿瑞斯拿走了引起不和的金苹果；阿瑞斯把这个刻有“属于最美者”文字的金苹果抛给了女神赫拉、雅典娜和阿佛洛狄特，导致三位女神相互争抢，最终引发了特洛伊战争。

人们曾认为苹果树能够给人提供庇护，尤其是可保护建筑物免遭雷击，因此种苹果树一度成为所有乡间村舍的一道风景。在基督教诞生前很早的时候，人们最先培育的便是蔷薇科的这些树种。1000多年前，苹果树就深受罗马人的喜爱，他们掌握了这种树的栽培技术。

苹果是一种对人体健康有益的水果，富含维生素、矿物质、果酸和植物纤维。苹果也是一种很受欢迎的食材，既可以直接吃，在许多国家也被做成多种可口的食品，最具特色的当属苹果派、果馅奶酪卷以及苹果酱。把苹果切成薄片并烘干，味道也很好。此外，人们还用苹果制作苹果白兰地酒。

苹果树的树干坚硬且重，可用来制作一些装饰品、首饰、细木镶嵌饰品以及小家具等。苹果树是温带地区最为流行的一种水果树，人工栽培种类及变种有一万多种。苹果树通常可存活80年左右，有的甚至可超过100年。

↑水彩画《苹果花开》(2018),
尺寸:52 cm×36 cm

↑水彩画《盛开的苹果花》（2017），
尺寸：40 cm × 28 cm

在花语中，送苹果花意味着送花者弄不懂对方眼神所表达的真实含义。

以画为媒颂花魂

果树开花意味着春天来了，这是美好的季节。一时间，整个乡间田野尽没于白色、粉色花瓣的海洋中。苹果花白粉相间，分外迷人。考尔科娃简直难以想象如何才能把苹果花簇之美展现在画纸之上。苹果花精美、柔弱、温润，感觉真的很特别。

欧亚花楸

Sorbus aucuparia

纵览古今识此花

花楸树看起来十分可爱。花楸的果实对人体健康很有益，它富含维生素C和其他营养物质，能增强人体免疫系统，可缓解声音嘶哑，对消化系统疾病、肾结石和风湿病也有疗效。花楸树的花能促进女性荷尔蒙分泌更加协调，还可减轻更年期带来的不良症状。这种花也可用于花卉浴。

花楸浆果可用于烹饪，不仅能给野味和调味汁增香，还可用来制作糖浆、蜜饯，甚至做果酒。但是，只有人工培育品种才能被用于烹饪，而野生花楸浆果味道过于苦涩，不适于食用。即便是人工培育品种的果实，也需要烘干或煮熟后方可食用，否则可能引发轻度中毒。

花楸是蔷薇科的一种植物，属于乔木或灌木类，主要生长在欧洲、亚洲的温带地区。用花语来描述，这种植物具有极强的自尊品格。

以画为媒颂花魂

在考尔科娃看来，报春花是春天来临的象征，而花楸预示着秋天的到来。过去，每当花楸树那黄灿灿的成熟浆果挂满枝头时，总会首先引起她的关注。

近几年，考尔科娃很早就开始观察它们。她注意到，整个夏季，在绿色嫩芽还未变为深橙色之前，金灿灿的浆果已经成熟，绿色与橙色交相辉映，令人喜不自禁。她总是陶醉于描摹花楸累累果实的创作中，因为那是秋天——一种成熟与丰收的象征。

↑水彩画《欧亚花楸》(2017),
尺寸：54 cm × 40 cm

大丽菊

Dahlia pinnata

纵览古今识此花

这种迷人的菊科紫菀属植物源自热带美洲，墨西哥是其故乡。作为一种观赏植物，大丽菊美化着花园和公园。

美洲原住民既把它用于田园美化，也把它作为蔬菜和药用植物来种植。西班牙人把它们带到了欧洲，有据可查的记录表明，大丽菊首先在马德里被引种成功，但其名称并非因袭当地植物学家的名字，而是为了纪念瑞典人安德·嗒霍（Anders Dahl），由他的名字经拉丁文转化而来。在德国，这种植物也被称为“乔治亚”（Georgina），用以向基督教圣徒圣乔治表达敬意。

将大丽菊作为礼品赠送他人时，传递着送花人的一种愿望，即希望获得持久的爱情。

以画为媒颂花魂

《大丽菊》是考尔科娃最早的大幅画作之一，创作过程使她受益匪浅。那时，她感觉一切都很新鲜，以渴求的目光进行观察，力图以应有之义理解所看到的一切。大得异乎寻常的画纸给她提供了一个不一样的维度，可以使用不同的描绘技巧，运用更多的创意尽情挥洒。一幅全新的景色在她眼前展开，这是一个全新的世界，充满着无尽的诱惑与可能，既激动人心又充满挑战。当可以坐在绘画桌前描绘它时，考尔科娃对每一天都充满了期待。她发现，大丽菊美丽的深紫色令人陶醉，她努力捕捉着那葡萄酒般的深邃、天鹅绒般的丝滑，体会着花的美妙。作为一名水彩画画家，这样一段经历对于提高她的绘画技巧而言，功不可没。

→水彩画《大丽菊》(2017)，
尺寸：53 cm × 52 cm

有髯鸢尾

Iris barbata

纵览古今识此花

由于花色艳丽，人们便用希腊神话中彩虹女神（Iris）的名字命名此花。尽管植物学家们无法确定其确切的身世，但人们相信它是最早的观赏植物之一，常用来装点美化室内外环境。

专家认为这种植物的栽培历史已逾千年，最早的记载来自古埃及，据说是图特摩斯三世法老从叙利亚返回时带回的。

16 世纪重要的植物学著作《马蒂奥利的植物学笔记》（*Mattioli's Commentarii*）证明了鸢尾花在当时十分受欢迎。植物学家马蒂奥利的这本书是 16 世纪最为重要的植物学著作之一。书中写道："当地所有花园中几乎都栽培鸢尾，在野外草地中也很常见。"

鸢尾花的花瓣代表着勇敢、智慧和信心，花朵是希望、力量和光明的象征，也是上帝与人类沟通的使者。法国"新艺术"流派的艺术家们认为鸢尾代表着阳刚之气，而基督徒则认为它让人想起圣母玛利亚以及圣父、圣子、圣灵"三位一体"的高贵与威严。

←水彩画《浪漫》（2021），尺寸：45 cm × 56 cm

因为美丽与出众，鸢尾成了文学作品中的宠儿，在神话传说中也时常现身。

路易斯·格吕克（Louise Glück）是当代美国最有影响的诗人之一，她从色彩艳丽的鸢尾科花朵中获得了灵感，将其诗集命名为《野鸢尾》（*The Wild Iris*）。她的这部诗集赢得了1993年的普利策诗歌奖。

↑水彩画《触摸蔚蓝》（2021），
尺寸：56.5 cm × 58 cm

→水彩画《胜似红宝石》（2020），
尺寸：55 cm × 75 cm

在大洋洲、亚洲和北美洲生长着280多种鸢尾，其中有些品种不仅悦目，还可入药，其含有的成分具有化痰止咳功效。鸢尾的叶子也可用来编结绳子。

把鸢尾花作为礼物送人时，其含义是：你是我生命中唯一的港湾。

↑水彩画《天堂之眼》(2020)，
尺寸：56 cm × 42 cm

以画为媒颂花魂

画鸢尾花是考尔科娃的一大乐趣。在她还是一个小姑娘时，就为鸢尾花那华丽高贵的花容以及与众不同的芬芳所倾倒。如此纤小的花蕾竟能绽放出如此硕大的花朵，这让她感到无比的神奇。这些飘逸、丝滑、靓丽的花朵，总使考尔科娃联想到公主的盛装。在她众多的植物画作品中，鸢尾出现的次数是最多的。

↑水彩画《莱茵兰德鸢尾花》(2017)，尺寸：35 cm × 43 cm

↑水彩画《鸢尾花》(2017)，尺寸：38 cm × 53 cm
→水彩画《鸢尾花》(2019)，尺寸：55 cm × 75 cm

↑水彩画《暗流鸢尾花》（2019），
尺寸：56cm × 75cm

↑水彩画《“苏丹宫”鸢尾》（2018），尺寸：40 cm × 50 cm

草地婆罗门参

Tragopogon pratensis

纵览古今识此花

人们有时会将这种植物与蒲公英相混淆。初夏时节，其亮黄色花朵在远处看来确实很像蒲公英，但近观时就可看出两者的花和茎在形状方面都存在着差别。这种植物遍布欧洲各地，在美洲已成功引种。

这种植物的肉质根可以入药，浸泡后具有疏肝利胆的功效，还可用于治疗尿路感染和皮肤瘙痒。其嫩叶可制作成美味的沙拉，但老叶的味道非常苦涩，甚至连食草动物们都对它避而远之。

草地婆罗门参属于菊科婆罗门参属植物，在花凋谢后，会从枯萎的花中生出须发般的绒毛，因而又名“山羊须”。

以画为媒颂花魂

“山羊须”这个名字令考尔科娃哑然失笑。从残花中生出的须毛真的很像山羊下巴上的胡须。有人会把它与蒲公英搞混，尽管“山羊须”的植株看起来更大更强壮，但两者确实有相似的外观，在蓬松的绒毛生出之前，两者的花都是黄色的。曾经有很长一段时间，考尔科娃一直琢磨着如何在画纸上展现其神韵。她把干花放在家里的花瓶中，急切盼望找到恰当的方式，却总是不得要领。最终，考尔科娃意识到，应当将它置于黑色背景之下，那样才能突出它灰白色的须毛，给人带来一种美感享受。

←水彩画《微风轻拂》(2021)，采用粉画法，尺寸：40 cm × 52 cm

王百合

Lilium regale

纵览古今识此花

百合总是与纯洁、天真、美丽联系在一起，还象征着勇敢和荣耀。在中世纪它是和平的象征。世纪更替，它始终以高雅的身姿而广受赞誉，其浓郁的芬芳有时会使一些人感到不适。

在波旁家族统治法国的时代，男士送给女士的花束中如果没有百合，简直是不可想象的事情。

有一则传说告诉人们，这种花具有特别的功力，虽身处欲望横流之地，却始终守身如玉，纯洁如初。在另一则传说中，当天使给各种花上色时，把色彩用完了却还没有轮到百合，因此它就保持了原色，冰清玉洁的形象和浓郁的芬芳就是神对其耐心等待的一种奖赏。

在古老的寓言中，百合源自女神赫拉（Hera，主神宙斯之妻）的乳汁，当她给赫拉克勒斯（Heracles，她与宙斯的儿子）哺乳时，乳汁向前飞溅，导致孩子将她咬伤。

古罗马人则声称，女神维纳斯对一位少女心生嫉妒，于是将那位少女变成了百合。

百合是贞操的象征。过去人们曾经将百合文在妓女及行为不检点的妇女身上，表示她们的纯洁已被玷污或出卖，以此对她们进行羞辱。百合还曾被文在屡教不改的罪犯额头上。

同样是因为百合之高洁，基督徒将它安放于圣母玛利亚手中，代表着玛利亚的圣洁。百合也是复活节和耶稣复活的象征。因为与永生有关，百合也出现在葬礼中，根据传统习俗，人们会将百合花放在少女或少妇的坟墓上。

在莎士比亚的《仲夏夜之梦》中也有百合的身影。在民间传说中，仙王奥伯龙（Oberon）将百合花当作魔杖。

送人以百合花，代表一种信任，意为赠送者相信对方是清白的。

王百合是百合科的成员，原产于中国四川西北山谷里，如今在温带和亚热带地区生长繁盛。王百合不仅很美丽，还有助于人体康复。人们曾经将百合的茎块在牛奶中煮半熟后碾碎，用于治疗皮肤炎症和溃疡。把百合添加在一些润肤类产品中，有助于防止皮肤被日光灼伤。

以画为媒颂花魂

这是考尔科娃最大的画作之一，为此耗费了数周时间，王百合在画室内所散发的怡人香气，令她记忆犹新。她用画笔和颜料，以不同寻常的方式来捕捉王百合的美丽，不仅是整朵花，还有每一片叶子，每一个细微之处，要给人以灵动和飘逸之感，展现王百合向上的姿态以及不同朝向，从而带给人以一种自由与洒脱的观感。

←水彩画《百合》（2017），
尺寸：20 cm × 36 cm

→水彩画《百合》（2020），
尺寸：50 cm × 77 cm

草地群芳

Meadow

一片鲜花盛开的辽阔的草地就如同一场感官盛宴，景色宜人，香气扑鼻，虫鸟鸣唱，生机盎然。这里所展现的是一个完整的世界，从一粒最微小的种子开始，到绽放最为壮丽的花朵，展示了生命的循环往复、生生不息，时光在这里似乎停止了前进的脚步。

大自然中万事万物本就互相补充、互相依赖、互相支撑，茵茵绿草映衬着朵朵鲜花，一切都显得那么温暖与静谧，让人情不自禁地想停下来，一边欣赏，一边感悟，仿佛自己已完全融入这个花草世界。

让我们来认识一下其中的几种花草吧！

小冠花（*Securigera varia*），蝶形花科植物，其醒目的花朵似乎在警示人们“我可是有毒的”。过去，这种植物曾经作为毛地黄的替代品，用来治疗心脏疾病。

雏菊（*Bellis perennis*），菊科植物，花朵很雅致，在草地中几乎无处不在。雏菊可以食用，花瓣可添加在沙拉或调味汁中。人们会用雏菊来丰富春天的餐桌，因为那个时节的雏菊味道最佳。

广布野豌豆（*Vicia cracca*），也称蓝花苕子，蝶形花科植物，具柄叶片，花蓝色。尽管它被认为是一种杂草，但因富含各种含氮物质，营养丰富易于消化，很合食草动物们的胃口。蜜蜂和蝴蝶喜欢为它传粉，鸟儿喜欢以其种子为食。

田野孀草（*Knautia arvensis*），川续断科植物，富含花蜜和花粉，备受昆虫的青睐。中国民间医生认为它能够活血化瘀，促进人体新陈代谢，还具有利尿和加速伤口愈合的功效。

野胡萝卜（*Daucus carota*），伞形科植物，源自西南亚和欧洲，目前已遍及全世界。胡萝卜富含 β-胡萝卜素、抗氧化剂、植物纤维等，对人体健康十分有益。在各地民间医疗中，胡萝卜被用于治疗心脏、关节、眼睛以及其他方面的一些疾患。

菊苣（*Cichorium intybus*），菊科植物，花朵为天蓝色。其根可制成饮品，具有芬芳的气味。欧洲人曾用其根制药，据说可驱除寄生虫。

秋鹰齿菊（*Scorzoneroides autumnalis*），菊科植物，远观其花很像蒲公英，易混淆。这种植物的花开在其短小而粗壮的根茎之上。它们可成片地生长在草地、牧场，乃至碎石堆中。花朵竞相绽放时，给人带来一片片深黄色的田野景观。

红三叶草（*Trifolium pratense*），蝶形花科植物，是牛、马和羊的最爱。其花汁甘甜，无论是嬉戏的孩童还是路人，都常用它犒赏一下自己的味蕾。其丰富的花蜜和花粉吸引着蜜蜂，由此酿出的蜂蜜颜色深邃，品质上乘。它还是一种重要的药用植物，除具有较强的消毒杀菌功效外，还被用于治疗腹泻、食物中毒，以及与更年期有关的症状。

长叶车前草（*Plantago lanceolata*），车前科植物，是森林食草动物的食物之一；对人类而言，这是一种重要的药用植物，具有抗炎、镇咳功效，还可用于治疗消化系统的溃疡。

欧蓍草（*Achillea millefolium*），菊科植物，其拉丁文学名中的“*Achillea*”与古希腊神话中的阿喀琉斯相关。在特洛伊战争中，阿喀琉斯曾用这种植物来疗伤。在各地民间疗法中，它可用来促进胆汁分泌、改善味觉、增进食欲、治疗伤痛和镇咳。欧蓍草还可用来驱蚊。此外，一些酒精饮料（如苦艾酒）中也会添加这种植物成分。

以画为媒颂花魂

有时，考尔科娃会随手抄起身边触手可及的东西，如画笔、铅笔、各种纸张等，只是为了及时留住映入眼帘的美妙事物。这幅画正是如此，是彻头彻尾的无心之作。从原野归来，顺道带回几朵花，准备用于素描，至少在枯萎前画出其基本形态。她顺手抓起身边的一张灰色卡板纸，这原是用于包装美术印刷品用的。开始给这些花草“精灵们”画像时，考尔科娃压根儿没去想作品最后的模样。随着画纸渐渐填满，她眼前突然一亮：这不正是一幅草地群芳斗艳的真实写照嘛！

↑水彩画《草地群芳》(2021)，
采用水墨画法，尺寸：78 cm×36 cm

罂粟

Papaver somniferum

↑水彩画《散落的罂粟籽》(2020)，尺寸：43 cm × 33 cm

←水彩画《一颗罂粟果》(2019)，尺寸：40.5 cm × 52 cm

纵览古今识此花

罂粟是睡眠的象征。古希腊人认为罂粟与睡神摩耳甫斯有关，睡神会用罂粟让睡眠中的人做个美梦。在希腊神话中，女神德墨忒尔的女儿珀耳塞福涅遭劫持后，众神之王宙斯送来罂粟，以帮她减轻悲伤。据说人们曾用未熟的罂粟蒴果熬的汤汁让婴儿入睡。目前这种方法已不再使用，因为鸦片正是从这种蒴果中提炼出来的。

虞美人（*Papaver rhoeas*）是罂粟属的一个野生变种，人们认为它象征着在两次世界大战中阵亡的军人。每年 11 月 11 日前后，凡在荣军纪念日出席悼念阵亡将士活动的人，都会在自己的衣服上佩戴一朵深红色的虞美人。这种习俗在西欧和美国尤为流行。

人们知道，一旦罂粟花绽放，表明寒冷的季节已经过去，夏天即将到来。在花语中，虞美人有多种含义，其中之一是“怀旧的爱”。

波希米亚国王——卢森堡的约翰（John of Luxembourg），曾在英法百年战争的克雷西战役中杀死了一名骑士，但他自己也死于那次战役。后来，骑士的墓碑周围长满了虞美人。据说，多年后，国王的孙女安妮公主准备嫁给英国理查二世国王（Richard Ⅱ），陪伴她的多位波希米亚贵族汇集于一个小教堂内，教堂内摆放了许多虞美人。

有一个传说：一位母亲寻找坠入山涧的儿子时，沿途流下的鲜血变成了朵朵虞美人，给她和儿子都带来了好运。从此，她家四周长满了虞美人，她和儿子过上了幸福日子。

人类利用罂粟的历史已有数千年，至今它仍然是一种重要作物。人们认为，早在公元前6世纪，地中海地区就已在种植罂粟，它是与玉米等谷类作物一起传到欧洲的。1000年之后，美索不达米亚人开始用罂粟提炼鸦片。由于可用来提炼毒品，目前许多国家都禁止种植罂粟。

以画为媒颂花魂

罂粟居然与那么多美好事物联系在一起！开满虞美人红色花朵的田野，景色蔚为壮观；由白色或粉红色罂粟花构成的花海景观更是惊艳世人，日落时分尤为如此。然而，罂粟花十分娇气，它可不喜欢被人摘下放入花瓶中，因为叶片会很快掉落。所以，把罂粟花带回家里来画是有一定难度的，画家们手脚一定要快才行。罂粟蒴果里充满了细小的籽粒，无论是绿色的还是干燥后呈褐色的，同样魅力十足。

↑水彩画《罂粟之舞》(2019)，
尺寸：51 cm × 42 cm

↑水彩画《罂粟》(2018),
尺寸：30 cm × 56 cm

↑水彩画《夏日阳光下的罂粟花》(2019)，
尺寸：58 cm × 33 cm

酸浆

Physalis alkekengi

纵览古今识此花

在某些语言中，酸浆也被称为犹太樱桃、酸樱桃或草莓。其中，“犹太樱桃”这个名字的灵感来自其花萼的形状（对花蕾起保护作用的外皮），与中世纪时犹太人的头饰十分相似。花萼中包裹的果实则极像一颗樱桃。

在花语中，用这种花送人实在是不太友好，它所表达的含义是：离我远点儿！

这种茄科观赏植物原产于亚洲，植物学家认为这种植物在古代就出现于欧洲了。早在16世纪，就有人们将这种植物当作药材使用的记录。在欧洲，这种植物很适合在气候温暖的丘陵白垩质土壤灌木丛或混交林中生长。

尽管有人将其视为一种杂草，但它在花卉交易中很受欢迎，因为那些橘黄色的“灯笼”在艺术造型中十分赏心悦目。

由于这种植物具有弱毒性，草药医生用它来治疗痛风或用作利尿剂。它的果实具有一定的排毒功能，有助于排除人体内的有害盐类和酸类物质；对痛风、风湿病以及肾脏和尿路等方面的病症能起到缓解作用；由于富含维生素C，在病后康复和提高机体健康水平方面也十分有益。

←水彩画《金丝网》（2021），采用水粉画法，尺寸：41 cm × 53 cm

→水彩画《酸浆》（2019），采用水粉画法，尺寸：52 cm × 35 cm

以画为媒颂花魂

酸浆的外部轮廓简直就是一幅天造地设的艺术珍品，我们可以在乡村找到它们的身影。在漫长的冬季里，经历过冰霜、雨雪、潮气的洗礼后，花萼中最后留下的只有橙色的叶脉，就像一张金色的丝网，包裹着一颗小果球。这是考尔科娃有生以来所见过的最神奇的东西，因此她决定将它画出来。她发现，在黑色水粉颜料背景的衬托下，它看起来会很美。

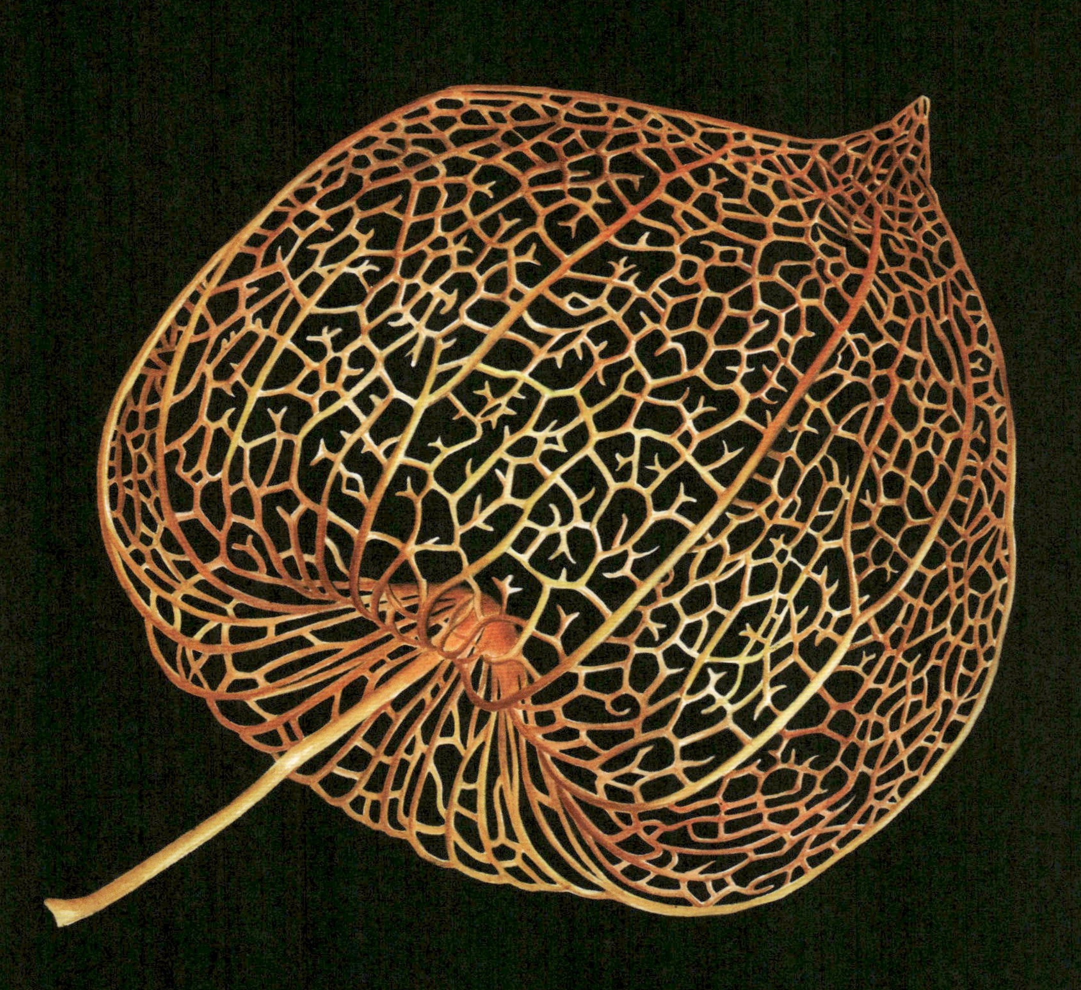

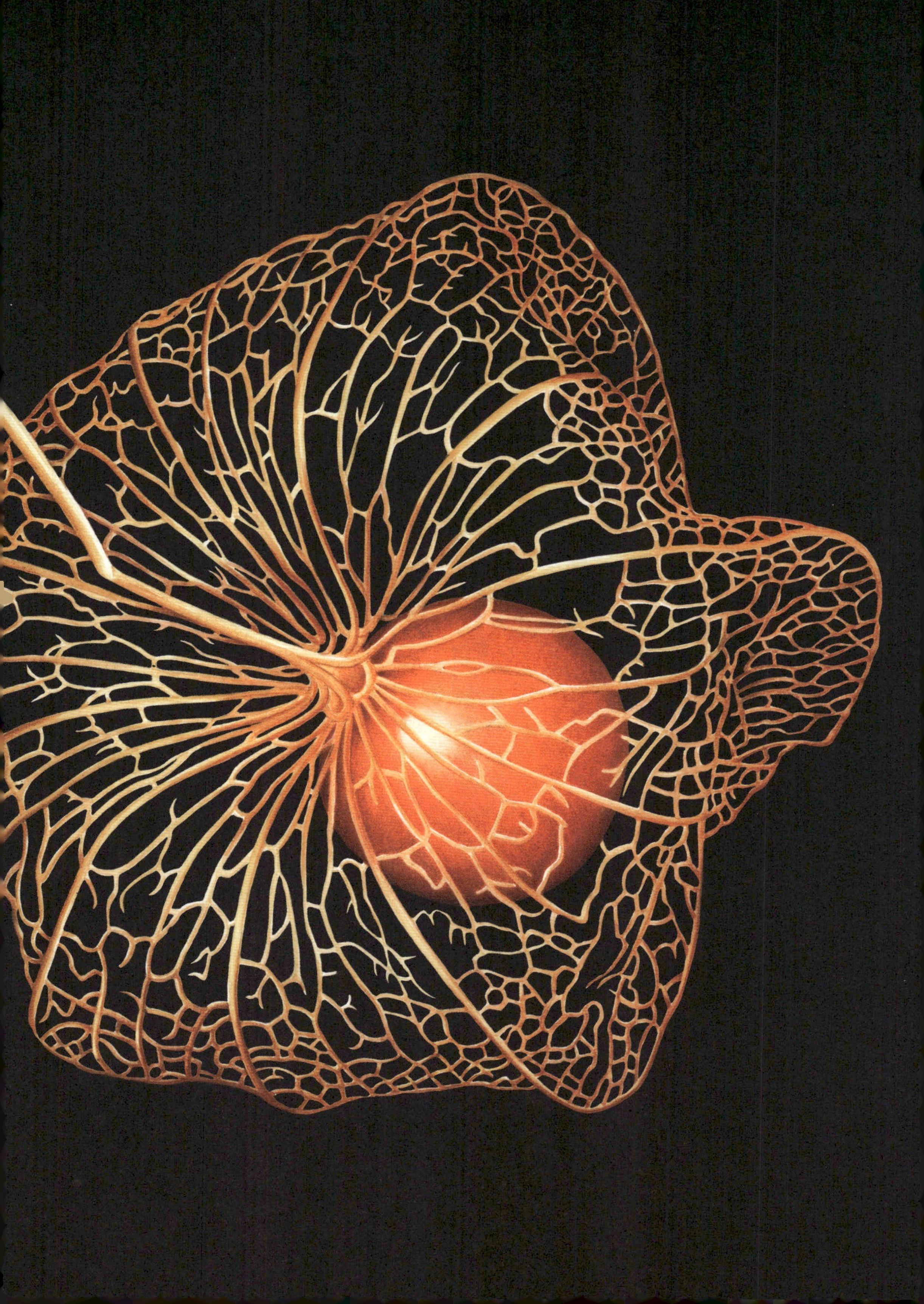

毛地黄

Digitalis purpurea

纵览古今识此花

这种雅致的花卉植物是一种矛盾组合体，它既是治病良药，又是夺人性命的毒药。人们经常听到利用毛地黄犯罪的故事。在私家侦探福尔摩斯破解的一个杀人案中，凶手用的就是毛地黄。这样的杀人方式也出现在英国女侦探小说家阿加莎·克里斯蒂（Agatha Christie）的作品中。毛地黄是车前科毛地黄属植物，含有多种影响心脏活动的糖苷，曾是一种治疗心脏病的药物。然而，它不仅会使心跳速率下降，还可致人中毒死亡。

在花语中，送毛地黄花给某人，赠送者想要表示的是：没时间陪伴对方。

目前，人们已知的毛地黄品种大约有 25 种，生长在欧洲，以及北非、亚洲、美洲、大洋洲等地。毛地黄独特而华丽的花序让它成为广受世人喜爱的观赏性花卉植物之一。

以画为媒颂花魂

毛地黄是考尔科娃夏天的挚爱。夏日的白昼长且日光充足，给人以温暖的感觉，她和朋友都喜欢在夏日去乡村远足，通常沿水边行走。一次，她们在去捷克斯特热拉河（River Střela）峡谷的途中，遇到了一处开满毛地黄鲜花的山坡。之前她从未见过如此多生长在一起的毛地黄。鲜艳的花色和铺天盖地的花丛着实让人惊叹不已！那些小巧玲珑的花朵像具有魔力一般，吸引着众多蜜蜂前来采蜜。她们不由地停下了脚步、卸下了背包。考尔科娃一时不知道是在梦中，还是进入了某个童话世界。她们决定在那里露营，与那一片毛地黄花为伴，这使她有机会在次日破晓时分，在阳光射向大地的一刹那，一睹它的芳容。

↑水彩画《毛地黄》(2017)，尺寸：23 cm × 48 cm

↑水彩画《毛地黄》(2022)，尺寸：32 cm × 52 cm

黄水仙

Narcissus pseudonarcissus

纵览古今识此花

在欧洲，每当人们想到春天花瓶里的花卉，都会想起雪花莲、安息香等一众漂亮的鲜花，其中当然少不了水仙花。水仙花象征着春天和新生，同时也象征着对来世的信心。在中国等一些东方国家，人们将水仙花与新年联系在一起，认为它会给人带来好运。

黄水仙是石蒜科水仙属植物，具有精美的金黄色或白色花朵。关于它的来历，世界上有各种各样的传说。在希腊神话中，河神的儿子那耳喀索斯（Narcissus）是一位英俊而腼腆的美少年，森林仙女和雨水仙女对他很是爱慕与崇拜，但他对她们不理不睬，两位仙女决定对他进行惩罚。她们去找阿佛洛狄特（Aphrodite）女神帮忙，阿佛洛狄特对这位美少年施加了魔法，使他在一处林间水潭中看到自己的倒影后，对自己产生了深深的迷恋而不能自拔，最终坠入水塘溺水而亡。尽管两位仙女对他的死感到懊悔，但她们已不能撤回对他实施惩罚的请求。后来，在水潭旁那耳喀索斯曾经站立的地方，便长出了金黄色的水仙花。在另一个神话版本中，那耳喀索斯坠潭时，认为自己正在杀死他所爱的人，因此他也自杀身亡了。由于这些神话故事，那耳喀索斯的名字自古以来都是自恋、自负和自私的代名词；在医学术语中甚至也能见到其身影：一种心理学症状被称为“自恋型性格紊乱”（narcissistic personality disorder）。

在文学作品中，诺贝尔文学奖得主、德国小说家赫尔曼·赫西（Hermann Hesse）就使用过这个名字。他的作品《那耳喀索斯与戈德蒙德》（*Narcissus and Goldmund*）探讨了人类生活的两极性——精神与肉体的永恒对立。

水仙花是英国的国花之一。威尔士人在每年 3 月 1 日都会在衣服上别上一朵水仙花，以表示对守护神戴维（David）的尊敬。

在花语中，水仙代表着美丽，送花者意在告诉对方：我已被你的美丽所吸引。

以画为媒颂花魂

漂亮的水仙花是那么的体贴动人，那么的随遇而安，春天里若没有它，一切似乎都不可想象。考尔科娃在英国度过的春天时光中，脑海里印象很深的就是那些长满水仙花的草坪和公园。每位园艺师都深知为水仙花提供特别的遮阴之道，否则它们的白色和黄色花朵会使人看上去苍白而缺乏生气。考尔科娃画中的水仙花是一个变种，正处于盛花期，茎秆上会开出多朵花，花瓣也很多。

→水彩画《水仙花》（2017），
尺寸：40 cm × 53 cm

耧斗菜

Aquilegia vulgaris

纵览古今识此花

耧斗菜精巧雅致的花朵呈现出与众不同的漏斗形状，花距较长，是意大利手绣制品中的流行图案。耧斗菜属于毛茛科耧斗菜属植物，该属有大约 70 个品种，遍及北温带区域，在阳光充足或者半荫环境中均能茂盛生长，在岩石背景下更显得美丽亮眼。

耧斗菜除了拥有漂亮的花容，还可药用。它对发烧、感冒、淋巴结肿大、肝胆和尿路不适等症状均能起到缓解作用。它还可被用来清洗伤口、治疗湿疹。正如老奶奶们和草药医生们常说的一句口头禅："耧斗菜擦皮肤，一擦就灵。"耧斗菜的干叶片与猪油或凡士林混合，可以做成药膏，用途广泛。它的种子碾碎之后可当防虫剂使用。将耧斗菜当药物使用时，应当遵从医嘱。耧斗菜含有毒性成分，但这些成分遇热和干燥后会消失。

耧斗菜是圣洁的象征，常出现在圣母玛利亚的画像中。在花语中，耧斗菜表示赠送者爱慕对方的年轻和勇气。

以画为媒颂花魂

在考尔科娃看来，耧斗菜是一种优美高雅的花，能带给人以亲切感。它适应能力很强，在各种环境下都可见到它的身影，常见于草场、落叶林和花园中。其绚丽的花色和精致的结构会使人联想起兰花。她的作品《优雅的耧斗菜》创作于冬季——实际上是新年前夜。那天晚上 9：30 分左右，在画桌上突然飞来一只瓢虫，考尔科娃为这位不速之客在年末最后一天的到访而兴奋不已。

↑水彩画《优雅的耧斗菜》（2022），尺寸：37 cm × 53 cm

↑水彩画《耧斗菜》（2018），尺寸：30 cm × 51 cm

蒲公英

Taraxacum officinale

纵览古今识此花

有一种传说，蒲公英诞生于太阳神的火轮战车所激起的尘土。另一个传说则将蒲公英的起源归结为南风和一位漂亮的金发美女。故事中，南风想去见美女，但耽搁了太久才见到，此时美女已变老，连头发都白了。南风就用其炽热的气息抚摸着她的头发，结果使其满头卷发四散飘飞，自此之后，大地上就不断长出蒲公英。

蒲公英随处可见，其明黄色的花朵常为大地铺上一层金光灿烂的地毯。很多人将它当作一种杂草，特别是它们在整个花园里到处疯长时，更会被人如此看待。蒲公英具有顽强的生命力，想要清除它们很难。一小段蒲公英的根能长成一株新植株，一棵植株能开出 12 朵花，每朵花又至少能长出 170 颗种子，成熟后会随风播撒。

蒲公英深受希腊神话中月亮与冥界女神赫卡忒（Hecate）的喜爱。蒲公英植株的各个部位都可食用或用于其他用途。它的叶子富含维生素 C、类胡萝卜素及多种矿物质，添加到沙拉中有益健康，也可以替代菠菜来食用。美洲印第安人曾在萨满教仪式中把蒲公英干叶当作烟叶。

蒲公英的花可制成蜜汁、茶饮或糖浆，具有护肾、清肝等功效。小孩子们常会用蒲公英的茎秆做成口哨，茎秆还可以帮助人们解除全身的毒素。蒲公英的根富含菊糖，在人体自然康复疗法中有极大用处。菊糖对人的肠道很有益处，还可以作为糖尿病人的代糖使用。

←水彩画《蒲公英》（2019），尺寸：27 cm × 39 cm

数百年来，女孩们都会用蒲公英来编织花环。假如你很忧愁，摘下一棵枯萎的蒲公英，对着它的花头吹一口气会暂时获得快乐。

还有许多迷信说法与蒲公英有关。例如：如果在基督教濯足节吃一些蒲公英，会保全年身体健康；如果用蒲公英汁在身上摩擦，每一个愿望都会实现。人们利用蒲公英进行占卜由来已久。据说，对着干枯的蒲公英吹一口气，如果花上的种子全都一吹而散，意味着占卜人的意中人也正喜欢着你。

在花语中，赠送蒲公英给他人，意思是说对方在恋爱中像个孩子。

蒲公英是菊科蒲公英属植物，约有2500个品种，在世界各地都有分布。蒲公英虽在大部分地方都能茂盛生长，但它最喜欢的生长环境是草地、花园或道路两旁。蒲公英一般在每年4至6月开花，9月会花开二度。

以画为媒颂花魂

蒲公英反射太阳光，可点亮世间每一处草场与花园。对考尔科娃而言，蒲公英就是童年的记忆：她和姐妹们一起用蒲公英花编织花环，一起吹响蒲公英茎秆做成的“喇叭”，一起用在池塘中浸泡过的蒲公英茎秆制作漂亮的耳环。童年时期无忧无虑的玩耍记忆给她带来了创作灵感，让她绘出了这幅《蒲公英耳环》，画中的四个耳环代表着她们家的四姊妹。

→水彩画《蒲公英耳环》(2021)，
采用水粉画法，尺寸：55 cm × 55 cm

黑海杜鹃

Rhododendron ponticum

纵览古今识此花

杜鹃花是一种深受人们喜爱的观赏植物，杜鹃花属中有大约1000个品种，每个品种有难以计数的栽培品种。杜鹃花的栽培维护非常容易，在酸性土壤里和泥炭地里都能生长。

杜鹃花的拉丁属名“*Rhododendron*”源自希腊语的“rhodos”（意为玫瑰）和“dendron”（意为树）。杜鹃花起源于晚白垩纪至早第三纪的过渡期，主要分布在亚洲、北美洲和欧洲。中国是杜鹃花的发源地和现代分布地区之一，拥有丰富的杜鹃花种类。

法国植物学家约瑟夫·皮顿·德·图内福尔（Joseph Pitton de Tournefort）最早于17世纪和18世纪之交，就描述过一些杜鹃花。18世纪初，荷兰东印度公司日本分公司的恩格尔贝特·肯普弗（Engelbert Kaempfer）对21种杜鹃花进行了记述。

欧洲引进（可能是从印尼爪哇）的杜鹃花品种之一是皋月杜鹃（*Rhododendron indicum*）。从18世纪初开始，随着时间的推移，杜鹃花在欧洲越来越受到人们的喜爱，尤其是贵族家庭喜欢在住宅四周种上一些杜鹃花。

世界上最大的杜鹃树生长在中国云南省腾冲县高黎贡山上，树高超过25米，地径3.07米，树龄超过500年。

黑海杜鹃是一种原产于亚美尼亚、保加利亚、格鲁吉亚、黎巴嫩、葡萄牙等国的杜鹃花品种，1763年被引入英国的一些公园和花园。它会在土壤中产生一种化学物质来杀死或阻碍其他物种的生长，影响该地的生物多样性。

在花语中，赠人杜鹃花是请求对方相信自己，并承诺给对方以幸福。

以画为媒颂花魂

这是世上最为艳丽的木本植物，能轻而易举地征服我们而为之陶醉！一见到杜鹃花，考尔科娃就想起了喜马拉雅山，想起了日本的座座群山，想到了众多的花园，那里有大量绽放中的杜鹃花，把整个世界点缀得色彩斑斓。

考尔科娃画的这株杜鹃花曾经生长在她家附近的公园里，多年来，其似锦繁花让蜜蜂们流连忘返，也让不少路人驻足赞叹。但令人扼腕的是，它没能熬过一个最严寒的冬天。因此，这幅画是她对它的美好追忆。

→水彩画《杜鹃花》（2018），
尺寸：56 cm × 77 cm

牡丹

Paeonia

纵览古今识此花

虽然在花语中，牡丹意味着爱情的终结，但在一些文化观念中，它所表达的意思恰恰相反。有一种说法认为，那些希望早日走入婚姻殿堂的女性可以在自己卧室门上装饰牡丹，这样便能将心仪的男人吸引过来。对亚洲人而言，牡丹象征着财富和权力。在其他一些国家，人们认为在花园种植牡丹，可让自己免受邪恶与暴力的伤害。

据说，用一根红色丝线和一枚新针将一些牡丹种子串在一起，并用圣水喷洒，做成一种特别的护身符，可以辟邪。在法国，这种称作“圣热特吕德念珠”（St Gertrude rosary）的项链被认为可以避开妖魔鬼怪。

法国人喜欢牡丹，他们使用牡丹香精制造香水。牡丹也深受园艺师们的喜爱，他们从原生牡丹植株中培育出了种类繁多的人工栽培品种，可以开出更多色彩的绚丽花朵。人类种植牡丹已有两千多年历史，公元前 3 世纪，中国汉朝时期就有种植牡丹的记录。中国的洛阳甚至还被称为“牡丹之乡”。这个城市的牡丹超过 500 种，每年都要举行一次牡丹节庆祝活动。开满鲜花的牡丹变种首次出现在欧洲大约是 16 世纪，到了 18 世纪，牡丹花已风靡整个欧洲大陆。

牡丹的英文名称“peony”源自希腊语，取自希腊神话中众神的医药师“Paeon”的名字，由于他激怒了药神阿斯克勒庇俄斯（Asclepius），后者要对他实施报复，上帝介入后将他变成了一朵花。

←水彩画《花园牡丹》（2019），尺寸：56 cm × 65 cm

相信花语并赠送牡丹的人应该知道，这种礼物的含义是：相爱的美好时光已经一去不返。

牡丹花不仅能为花园增添美色，在室内也异彩非凡。但要注意，在将牡丹带进自己家门时，那些精美华丽、雍容富贵的牡丹花朵也会引来一些不速之客：成群的蚂蚁会爬上植株寻找花中甜美的花蜜。

牡丹是芍药科植物，其中药用牡丹（*Paeonia officinalis*）这个品种还具有药用功效，可帮助人们缓解因劳累等原因造成的肠胃痉挛。

牡丹的叶子可用来减轻腿部疼痛，方法非常简单：撕下叶子，置于疼痛处，用绷带绑好，然后等待它发挥药效作用。

在牡丹的原产地中国，人们还将牡丹花瓣煮熟，加糖后放入菜中食用，或配在柠檬茶中饮用。

以画为媒颂花魂

没有人能抵御牡丹花那醉人的芳香，考尔科娃也不例外。作为画家，面对牡丹花艳丽华贵的花容与色彩，她如痴如醉。当她抚摸那柔软似绒的花瓣时，心中那份欢喜之情便油然而生。她画牡丹花有很多次了，日后肯定还会继续画。

↑水彩画《牡丹花》(2021)，尺寸：62 cm × 58 cm

←水彩画《牡丹花》(2017)，尺寸：50 cm × 50 cm

南欧铁线莲

Clematis viticella

纵览古今识此花

南欧铁线莲是一种广受人们喜爱的攀缘植物，可用来装饰阳台、凉棚和露台。一些栽培品种的花朵硕大，直径可达 25 厘米。

铁线莲属植物属于毛茛科，全世界有大约 300 个品种，欧洲有 4 个本土品种。南欧铁线莲在气候温和区域可茂盛生长，花朵色彩多样、形态出众。

南欧铁线莲具有一定毒性，人的皮肤与它接触后会出现红肿或起水疱。但是它晒干后，毒性会消失。把它做成茶饮，可起到通便和利尿作用，然而由于味道欠佳，往往使人望而却步。尽管如此，在世界一些地方还是有人曾经用它的干叶来替代茶叶做饮料。

在花语中，南欧铁线莲表达的是信任与希望。

以画为媒颂花魂

南欧铁线莲开花后就像色彩绚丽的瀑布一般，可为居室环境增添许多浪漫气息。每到夏天，当考尔科娃骑着自行车穿行于各个小村庄时，那些攀附于各家墙壁上、篱笆上和花园棚架上的南欧铁线莲色彩斑斓，使人大饱眼福。即使花期过后，它仍具有无穷的魅力：其球状果实上覆盖着白色的绒毛，看上去颇像一位老妇人的满头银丝。考尔科娃很少重新加工已经完成的画作，然而就在《里昂城的南欧铁线莲》即将奔赴其新家之际，她情不自禁地为它又加了一层颜色。

→水彩画《里昂城的南欧铁线莲》（2018），尺寸：71 cm × 55 cm

黄花九轮草

Primula veris

纵览古今识此花

关于黄花九轮草的来历有多种传说。

一则传说是耶稣的使徒彼得焚毁了一座异教神像，并在废墟上建起了一间祷告屋。罗马人认为彼得的纵火是对罗马的攻击，于是对他进行严刑拷打，逼他交出祷告屋的钥匙。彼得坚贞不屈，罗马人最后只得将他钉死在十字架上，钥匙从他手中掉落，绽放出了第一朵黄花九轮草的花。

另一则传说是彼得受耶稣委托，管理着一把能进入天堂和地狱的钥匙。他在前往小亚细亚途中被异教徒抓住，遭到酷刑，并被钉死在十字架上。由于他被倒钉在十字架上，钥匙便掉到地上，变成了一株黄花九轮草。

还有一则传说是彼得在得知手中的一串钥匙中没有让灵魂进入天堂的钥匙之后，吃惊地将手中的钥匙丢弃，而在丢弃钥匙的地方长出了黄花九轮草。

很多人相信黄花九轮草具有治病救人的神奇魔力，还有人认为它可让岩石裂开使人找到宝藏。然而在现实中，黄花九轮草的绽放预示着春天即将来临。黄花九轮草还象征着吉祥如意，特别是代表着金玉良缘与友好情谊。在花语中，赠送黄花九轮草是请求对方坦言心归何处。

草药医生把黄花九轮草当作“美容良方”，相信在刚挤出来的牛奶中添加一些黄花九轮草，涂在脸上就可美容。民间还认为，将一束黄花九轮草搁在枕头下，可在梦中与逝去的亲人交流；将花束放在生病孩子的床下，可赶走亡灵；在牲畜棚里悬挂黄花九轮草，可驱走窃取牛奶的女巫。

黄花九轮草的属名“*Primula*”，源自拉丁文“Prima”，意思是“第一的”，它是春天最早绽放的鲜花之一。

民间医生非常喜爱黄花九轮草。这种报春科植物确实是一种重要的药用植物，不仅能缓解呼吸道疾病的症状，对头痛、关节疼痛也具有治疗作用。

黄花九轮草一般长在温暖的向阳山坡地带，可为十分罕见的勃艮第公爵（Duke of Burgundy）蝴蝶提供花蜜。

以画为媒颂花魂

这种植物开花时，会带给人们开心的信息：春天来了！每年只要黄花九轮草和雪花莲一开，考尔科娃就知道冬天已经结束，鲜花盛开和林木葱茏的日子马上就来了。

这幅《黄花九轮草》有个神奇的特点：在一些观赏者眼里，感觉它是一幅三维画。这是考尔科娃始料未及的，也是一种机缘巧合。当她耐心地一层又一层给画作涂上各种颜色，几朵黄花九轮草慢慢跃然纸上时，她始终全神贯注于忠实地描绘花的外观，未曾去考虑三维效果。出现这种三维效果确是一种意外之喜。

→水彩画《黄花九轮草》（2017），
尺寸：36 cm × 25 cm

玫瑰

Rosa rugosa

纵览古今识此花

在花语中，玫瑰作为花后有着很多含义，具体要取决于赠送玫瑰的颜色：红玫瑰表达的是火热的爱情或一见钟情；白玫瑰表达的是深厚而永恒的爱；黄玫瑰表达的则是道歉或心碎。送人犬蔷薇表达的是自己痛并快乐着，而如果赠送的是花蕾，则是在恭维对方的年轻貌美。

在遥远的过去，玫瑰曾表示一颗破碎的心。凯尔特人、古埃及人和罗马人均认为玫瑰是灵魂之花，具有向亡灵传送爱的能力。

玫瑰是专门用来供奉太阳神以及爱神维纳斯的花。关于玫瑰的来历也有许多不同的传说版本。其中一种告诉人们，当爱神维纳斯从海水泡沫中诞生之时，她甩动长发落下的水滴变成了海中的珍珠，其中有一滴水掉在了陆地上，便长出了含露欲滴的玫瑰。

还有传说告诉人们，我们今天能看到红色或粉红色的玫瑰花，全拜维纳斯所赐。当维纳斯爱上阿多尼斯（Adonis）后，这位年轻人却并不爱维纳斯。后来，阿多尼斯被野猪咬伤，维纳斯急忙赶去救助。情急之中，她踩到了一棵带刺的玫瑰，流出的鲜血将玫瑰花染成了红、粉和紫等各种颜色。

↑水彩画《一支玫瑰》(2017)，尺寸：56 cm × 30 cm

在另一个传说中，一位英俊小伙被多位年轻姑娘追求，但他爱恋的姑娘不在其中。当小伙向他爱恋的那位姑娘表白时，女孩要他

从岩石上跳入一条波涛汹涌的河流之中。众神不想小伙被淹死，就将他变成了一只夜莺。夜莺每晚都唱歌给那位漂亮姑娘听，姑娘深深地爱上了夜莺的声音，终日追随，乃至疲劳而死。而众神也不想让姑娘死，就将她变成了一朵玫瑰花。有情人终成眷属，夜莺用美妙的歌喉取悦玫瑰，玫瑰则用四溢的芳香让夜莺欢喜。

公元前 1 世纪的古埃及女王克娄巴特拉（Cleopatra）为了催发激情，在自己房间的床上、地板上撒满了玫瑰花的花瓣。在她乘船去见情人马克·安东尼（Mark Anthony）时，在船帆上就喷洒了玫瑰香水。

在北欧神话中，玫瑰是天国女神弗丽嘉（Frigg）的专属花卉。而基督教徒们有时会将圣母马利亚称为“无刺的玫瑰”。

关于玫瑰上的刺的来历有多种传说。其中之一讲的是，曾经有一株玫瑰拒绝为一个恶魔开花，于是恶魔将魔爪深深刺进了玫瑰身体中，后来虽然伤口愈合了，但魔爪留在那里了。另一个传说则称，玫瑰花是爱神丘比特的微笑，玫瑰上的刺则是爱神之箭，被射中心坎儿的人们将会得到神的祝福，使欲望、爱情与激情融为一体。

在意大利，男人会在夜晚将玫瑰花瓣撒在心爱姑娘的门前，第二天早晨，如果发现花瓣仍在那里，就知道姑娘已经答应他的求婚；如果发现花瓣已被姑娘扫走，则明白自己的求婚已遭拒绝。

←水彩画《玫瑰花》(2019)，尺寸：41 cm × 34 cm

↑水彩画《一朵玫瑰花》(2017)，尺寸：33 cm × 42 cm

↑水彩画《拉布施泰因的玫瑰》（2021），尺寸：48 cm × 58 cm

香水制造商对玫瑰花喜爱有加。在玫瑰栽培和玫瑰精油生产方面，保加利亚在全球首屈一指。

玫瑰还可以作为一种草药使用，可治疗腹痛。

玫瑰属于蔷薇科蔷薇属植物，该属有 300 多个品种，人工栽培品种不计其数。

以画为媒颂花魂

玫瑰是世界上受人们喜爱的一种花，没有人不喜欢这种华丽、高雅的花卉。从古至今，诗人、画家等文人雅士赞美玫瑰的作品浩如烟海。考尔科娃亦不例外，非常喜欢描绘这种笑傲群芳的花卉，乐此不疲。玫瑰和鸢尾花一样，都是她许多画作中的主题。

←水彩画《犬蔷薇》（2017），尺寸：50 cm × 41 cm

→水彩画《玫瑰花》（2018），尺寸：37 cm × 65 cm

樱花

Prunus serrulata

纵览古今识此花

亚洲各国对樱花都十分熟悉，在日语中樱花称为“Sakura”。由于樱花很美，日本早在8世纪末就开始栽培樱花，如今人工培植品种已达200多种。无论是日本的皇室、贵族，还是文人墨客，抑或歌唱家，都在赞美樱花，在他们的花园里栽培樱花。

传说中，樱花原本是一位姑娘，她爱上了一个男青年，而这位青年是由一颗不能开花的树变成的。当她最心爱的人需要再变回树的时候，由于不能开花，因而注定会死去。此时，姑娘面临两种选择，或是与心上人合为一体变成树，或是保持自己的人形不变。爱情是伟大的，她义无反顾地选择了前者，变成了一棵树。最终，这棵树可以开花了。

在中国，这种蔷薇科的花象征着女性的美丽与爱情；在日本，则象征着人生无常与天上彩云。樱花还代表着财富和春天，其图案也经常出现在日本传统服装和服上。

对于日本人来说，樱花的重要性还体现在他们的特有习惯上——无论是气象学家还是普通民众，都期待着在春和景明中樱花盛开。在日本，樱花最早开放是在3月末的冲绳南部地区，而在北海道等高纬度地区会在5月第一周开放。

庆祝樱花盛开的赏花会是一个备受日本大众喜爱的民俗活动，人们此时会彼此登门拜访，或者相聚在公园之中，品尝传统食品，畅饮日本米酒（清酒）。赏花会历史悠久，可以追溯到公元3世纪。

在日本，樱花是新生活开始的象征，很多重要的场合都会用樱花进行装饰。在德国也是这样，曾经的柏林墙附近就有许多樱花树，整个柏林市种有大约 8000 棵樱花树，这些都是日本赠送的，而德国则向日本回赠了 1000 棵菩提树，以示友好。这样的礼物是相互信任的最好表达方式。

以画为媒颂花魂

每当看到樱花盛开，总是让考尔科娃想起日本。她很喜欢这样的景色——粉红色小花如春雨般纷纷落下，铺满了绿色花园中的一条条小路。这“花雨”从不会渗入土里，它们躺在樱花树下，随风飘移，进而形成一簇簇花堆，甚是好看。考尔科娃喜欢赏花会的时节，日本人一同去公园庆祝的时候，仿佛融入了美丽的花海之中。画这棵可爱的樱花树，使她非常快乐。这是她画的首张真正有局部放大图的一幅画作。她所在的捷克比尔森（Plzeň）就有许多樱花树，在那里，樱花树布满街道两侧，为城市增添了一道靓丽的风景。

→水彩画《山樱花》(2018)，
尺寸：50 cm × 67 cm

欧洲银莲花

Anemone coronaria

纵览古今识此花

在所罗门的“雅歌”（Song of Songs）中，欧洲银莲花被称为“荆棘中的百合”。除了南极洲，所有大陆都有此花的身影。它主要生长在落叶林和混交林里，在田野草地以及城市公园中都可栖身，甚至人们在路边水沟里也能看到它。

在古希腊神话中，塞浦路斯国王之子阿多尼斯（Adonis）是女神阿弗洛狄忒（Aphrodite，宙斯之女）的情人，在森林里被一头熊咬得遍体鳞伤，阿弗洛狄忒用仙酒（众神借以长生不老和青春永驻的饮料）给他疗伤。当他要断气的时候，仙酒与其鲜血化作了红色银莲花，从身下萌生而出；而阿弗洛狄忒为她死去的情人所流下的眼泪，则化作了白色银莲花。

欧洲银莲花也曾被用在葬礼中，因为人们相信它具有魔力。它还被做成护身符，据说能退烧或抵御瘟疫。据爱尔兰的民间传说，小妖精（能指点宝藏的矮妖精）会藏在闭合的欧洲银莲花花头里躲避坏天气，无论是谁，如果摘下此花的话，灾难就会降临。在花语中，赠送一朵欧洲银莲花含有谴责之意，表示赠花者不希望接受强迫的爱。

欧洲银莲花属于毛茛科植物，其属名源自希腊语，意为“风”，仿佛是希望它能吹走所有的霉运。欧洲银莲花具有一定的药用价值，抗菌效果较好。当然，由于银莲花具有毒性，它从未被作为一种药物广泛使用，在一些部落中甚至用它来制作狩猎用的毒箭。

以画为媒颂花魂

春天在森林中成片的欧洲银莲花仿佛是铺在林地间的一条毛茸茸的白地毯。在花园里，人工栽培的欧洲银莲花也会形成一片片壮美景观。在日本，此花在秋天会呈现出柔美的粉红色。在一些语言体系中，它也被称为“耶路撒冷银莲花”（Jerusalem anemone）。

←水彩画《耶路撒冷蓝色银莲花》（2017），尺寸：56 cm × 54 cm

向日葵

Helianthus annuus

纵览古今识此花

古希腊的神话告诉人们，这种显花植物会随太阳转动，因而得名向日葵。有这样一个传说，仙女克莱蒂（Clytie，海洋之神俄亥阿诺斯和泰坦族女巨神忒提斯的女儿，译者注）对太阳神赫利俄斯（Helios）单相思，但赫利俄斯想引诱波斯国王的女儿。克莱蒂为此非常妒忌，她把所有秘密都泄露给波斯国王，国王因此活埋了他的女儿。随后，赫利俄斯把已经死去的至爱（国王女儿）变成了一棵芬芳的乳香树（frankincense tree）；作为惩罚，他把克莱蒂变成了一棵向日葵，她必须跟随赫利俄斯在天上驾驭的四轮马车持续不断地转动（太阳神赫利俄斯每天驾着一辆四轮马车在天空从东到西运行，译者注）。

在一些基督徒的眼中，向日葵代表着他们对上帝始终如一的爱。而印加人则把向日葵与太阳神联系在一起，太阳神是他们至高无上的神，因此印加人相信向日葵具有魔力。

在花语中，如果一个人被赠予一棵向日葵，他应该为此感到高兴，因为赠花者表达了对被赠者的忠诚和奉献。

有些地方会举行种植向日葵的竞赛，看谁能种出最高的向日葵，有的获胜向日葵高度可达 3.5 米！

向日葵在艺术创作中也扮演着重要的角色，如英国畅销小说家萨拉·温曼（Sarah Winman）所著《青春漫画故事》（*Almost-love Story*）中的“锡人”（Tin Man），这是一本描写孤独与相互理解的科幻小说。而文森特·凡·高的《向日葵》则是世界上最著名的油画之一。

←水彩画《向日葵》（2020），尺寸：52 cm × 75 cm

这种颇具特色的植物属于菊科，大多数品种原产于北美洲，主要分布在美国和加拿大南部，在南美洲的山区也有分布。如今，在世界各地都可看到向日葵的身影，该属有大约 70 个品种。葵花籽既可直接作为人和动物的食物，也可以用来榨油。葵花籽是糖果师和面包师喜欢用来装饰作品的材料，而葵花籽油除了用于烹饪之外，还被画家添加到颜料里用来创作油画。

向日葵也具有药用价值，不仅有助于退热，也可以改善消化系统尤其是肝功能，还可制成药膏来治疗风湿症和皮肤病。

以画为媒颂花魂

向日葵象征着温暖、阳光，人类是多么需要阳光啊！无数艺术家都能从这种植物中获得灵感。如果发现一处长满向日葵的田野，独自徜徉于花海之中，一种难以描述的宁静感会油然而生。在考尔科娃还很小的时候，她常常想，如果花比人高大得多的话，那会是一个什么样的景象呢？现在看，向日葵似乎给人们带来了这种想象。

星花木兰

Magnolia stellata

纵览古今识此花

星花木兰属于木兰科，它是纯洁、荣誉、毅力和高贵的象征。一些美国人在他们的房前种植它，相信它会带来好运和财富。

在花语里，星花木兰传递的是一种顽皮的幽默，比如说：我吻你的时候有人看见了吗？

星花木兰的属名实际上取自法国植物学家皮埃尔·马尼奥尔（Pierre Magnol）的姓氏，这是植物学家夏尔·普吕米耶（Charles Plumier）在他所写的一本书中造出来的，此书记述的是他在马提尼克（拉丁美洲向风群岛中部法属岛屿，译者注）实地考察的情况。

现在，木兰科的灌木和乔木已遍布全世界，有200多个品种。星花木兰的历史很久远，现在已知的木兰祖先化石的历史有1亿多年。我们甚至可以大胆推测，木兰那时可能是同时代恐龙的一种食物。

在被称为“星花木兰”之前，英国传教士、植物收藏家约翰·巴尼斯特（John Banister）就于1688年把这种植物带到了欧洲，并作为礼物献给了伦敦主教亨利·康普顿（Henry Compton）。

星花木兰具有药用价值，将它入药的最早记录来自古代的中国。作为一种传统中药和日本草药，其树皮和花蕾具有退烧、调节血压和缓解焦虑的功效。目前的研究表明，它或许还有助于治疗肿瘤和牙科疾病，而木兰提取物可以防治蛀牙，已得到证实。

星花木兰还给电影制片人带来了创作灵感。1990 年，朱莉娅·罗伯茨（Julia Roberts）因在电影《钢木兰花》（*Steel Magnolias*）中扮演的角色，荣获了“金球奖”（Golden Globe）。朱丽安·摩尔（Julianne Moore）和汤姆·克鲁斯（Tom Cruise）主演的电影《木兰》（*Magnolia*）获得了 2000 年度的金熊奖（Golden Bear），这是柏林国际电影节（Berlin Film Festival）的最高奖。

德国天文学家卡尔·威廉·赖因穆特（Karl Wilhelm Reinmuth）在 1925 年发现的一颗行星，就以“木兰 1060”（1060 Magnolia）来命名。

在美国，木兰是路易斯安那州和密西西比州的州花。

以画为媒颂花魂

星花木兰很有一番诗情画意，娇美的花朵于早春时节就争相绽放，似乎在告诉人们一年伊始，万象更新。这种花在叶子抽芽之前就盛开了，因而在灌木丛中十分显眼。花蕾上覆有一层纤细茸毛，这让考尔科娃很难准确画出它们的真实容貌，但她还是非常喜欢画星花木兰的花蕾。她平日散步时总会走过这片星花木兰花丛，看到它们年复一年的自在生长。每到春天，亮如繁星般的木兰花簇扑面而来，一年更比一年盛，让人顿生一种愉悦之情。

←水彩画《星木兰》（2018），
尺寸：50 cm × 35 cm

欧丁香

Syringa vulgaris

纵览古今识此花

这种精美的花有一种醉人的芳香，这就是用欧丁香精油制作的香水这么流行的原因所在。

欧丁香属于木樨科，是一种大灌木或小乔木，现有大约30个品种。尽管有些品种源自东南欧，但其故乡在亚洲。

在花语中，欧丁香代表着一个问题：你真的爱我吗？

欧丁香花可以用于烹饪。由于略带苦味，特别适合用来装饰餐后甜点。欧丁香花也可用来制作果酱和果汁，还可入药。作物药物使用，它具有辅助抗炎杀菌的功效，可以用于改善牙龈炎、牙周炎等疾病引起的不适现象。它还具有促进消化的作用，可以改善食欲不振、消化不良引起的不适。

以画为媒颂花魂

欧丁香在5月开花。春天是美丽的时节，随着各种各样鲜花陆续盛开，考尔科娃真的不知道该先画哪种艳丽的花或开满鲜花的灌木。然而先画丁香总是一项很好的选择。每当她看到这幅画的时候，便会想起当时画它的情景，书桌上那只花瓶里的丁香花一直散发着独具特色、令人心悦的花香。描绘这幅画也让她悟出了很多东西，这是对耐心的一种极大考验。这的确是一项挑战！

←水彩画《丁香》（2019），尺寸：40 cm × 55 cm

蜀葵

Alcea rosea

纵览古今识此花

蜀葵是锦葵科植物，植株很高，花朵很美，深受大众喜爱，无论在乡村田野，还是在城市花园，都有其靓丽的身影。

除了用于装饰外，蜀葵还可作为药物使用。在刚开花时，就把蜀葵的花头和花萼一起采摘下来，置于荫处风干后可入药。据说，开黑色和紫色花的人工培育品种含有更加丰富的活性物质，具有一定的通便和止血效果。蜀葵还有助于减轻咳嗽、喉痛和哮喘引起的症状，也有助于改善女性月经不调的症状。蜀葵制成药膏或药霜后可治疗湿疹。蜀葵糖浆对医治感冒也有效；把蜀葵漱口液含在口中，可减轻口腔溃疡引起的痛苦。此外，把蜀葵与苹果醋混在一起，可制成用于祛斑和祛除粉刺的润肤霜。

蜀葵花还曾用于给酒调色。

蜀葵原产于中国。如今，蜀葵有 60 个品种，从中国到中亚再到地中海，分布地域十分广泛，其中，伊朗拥有的品种数量最多。

把蜀葵花作为礼物送人时，表示赠花人正在关注着对方。

以画为媒颂花魂

每当考尔科娃看到这幅画的时候，都会想起 2018 年在莫斯科举办的那次主题为“植物：神话与传奇”的展览会。这是她第一次在国外参加展览会，令她终生难忘。俄罗斯主办方与她联系，邀请她展出植物画作，并且请她主持一场专家讲习班。可以说，借助这次国际展览会，考尔科娃的蜀葵画作为她打开了一扇通往世界的大门。

←水彩画《蜀葵》（2018），尺寸：42 cm × 50 cm

欧洲甜樱桃

Prunus avium

纵览古今识此花

据说，圣家庭（Holy Family，由圣婴耶稣、圣母马利亚、马利亚之夫圣约瑟组成的家庭，译者注）逃到埃及，在一棵樱桃树下休息，食用樱桃，恢复了体力。

欧洲甜樱桃属于蔷薇科，象征着快乐、富饶和团结，还象征着虚幻无常和时光短暂。在希腊神话中，樱桃代表着大地女神盖亚（Gaia），在罗马神话中代表着自然女神和花神佛罗拉（Flora）。在日本的神话中，它代表战场上牺牲的英雄化作樱花重返人间。

欧洲甜樱桃很可能起源于西亚，如今已遍及欧洲各地。这种植物不仅能在野外生长，在花园和果园里也可栽培。厨师喜爱用欧洲甜樱桃做果酱、果汁和果脯。樱桃核可用来填充枕头和褥垫。红棕色的樱桃木具有很高的经济价值，可用于制作豪华家具以及用于给家具贴面。

樱桃有益于人体健康，富含维生素和矿物质，具有抗贫血的效果，还具有防治麻疹、收敛止痛等作用。将樱桃核熬成汁，可作为利尿剂使用。去核的樱桃与玫瑰花泥混合在一起，可制成面霜，具有较好的护肤效果。在花语里，樱桃表示相信有新爱诞生。

以画为媒颂花魂

与苹果花和山樱花一样，欧洲甜樱桃开花时就意味着美丽的春姑娘到来了。在画樱桃花时，考尔科娃就仿佛置身于金色枝叶与白色花瓣组成的王国中，令人陶醉。欧洲甜樱桃开花时，景色宜人，难怪在五朔节（中古时代和现代欧洲的传统节日，译者注）当天，情侣们会在樱桃树下热吻。

↑水彩画《欧洲甜樱桃》（2017），
尺寸：70 cm × 50 cm

郁金香

Tulipa gesneriana

纵览古今识此花

郁金香是一种非常受人们喜爱的显花植物，属于百合科，有多种花色，每种花色都向受花者传递着不同的信息。据说，送女士一支红色郁金香，是在告诉对方可以信赖赠花人的爱与忠诚；而送一支斑纹郁金香作为礼物，意味着赠花人认为对方的眼睛非常漂亮。

在荷兰，游客大多对风车以及拥有许多古代名家作品的博物馆感兴趣。除此之外，他们还会涌入这里的库肯霍夫（Keukenhof）公园去观赏各种郁金香花。作为所有郁金香花园中最大的一个，库肯霍夫公园的郁金香每年从 3 月中旬开放到 5 月中旬，公园中花卉面积达 32 公顷，茫茫花海，景色十分震撼。

郁金香原产于亚洲、欧洲和北非。15 世纪统治奥斯曼帝国的苏丹穆罕默德二世（Mehmed Ⅱ），以及 1520—1566 年统治奥斯曼帝国的苏丹苏莱曼一世（Suleiman the Magnificent）都喜爱郁金香。

据说，奥吉尔·盖斯林·德·比斯贝克（Ogier Ghiselin de Busbecq）是被神圣罗马帝国皇帝斐迪南一世（Ferdinand Ⅰ）派到土耳其朝见苏丹的一位使节，他被这种显花植物迷住了，后来他把郁金香鳞茎放在行李里带回了布拉格。同样还是这位使节首先把郁金香的拉丁语名称称作“tulipa”，因为郁金香的花头使他联想到了奥斯曼土耳其人所戴的帽状头饰，这种头饰在土耳其语中称为“tülbend”（穆斯林的头巾）。

在波斯人和土耳其人的传说中，都认为郁金香是从两位年轻女子溅出的鲜血中长出的。其中一位女子在寻找心上人途中死于沙漠里；另一位女子被人所谋杀，深爱她的王子因而殉情。

←水彩画《“洛可可”式郁金香》（2020），尺寸：39 cm × 58 cm

在花语里，赠送郁金香是向对方表示：我很孤独，如果有你陪伴就再幸福不过了。

现在，郁金香在世界上有大约 150 个品种。郁金香的花瓣能食

用，曾用来制作糖浆和装饰甜点。有些品种具有药用价值，具有抗菌功效，可治疗伤口感染。郁金香也颇受香水制造商的青睐。

过去曾有段时间，郁金香贵如黄金，特别是随着郁金香在欧洲的名气越来越大，其价格也就越走越高。1636 年，单支郁金香鳞茎的售价相当于一栋市内住宅或几公顷土地的价格。然而，没过多久，“郁金香狂热”就减退了。经济学家已把“郁金香狂热”认作是一场因投机而形成的“市场泡沫”。

以画为媒颂花魂

考尔科娃画过各种颜色和品种的郁金香。虽然她喜欢所有的郁金香，但她最美好的回忆是作为一名画家所画的第一幅画，这是一幅蓝色郁金香水彩画。这些郁金香是一位朋友送给她的。她一开始把这些花插在花瓶里欣赏，当它们行将枯萎之际，她恰好捕捉到了郁金香的美丽容颜，于是开始作画。她真的非常喜欢这些花朵上那些柔美的曲边儿。这是她画的第一幅植物画，考尔科娃由此便进入了植物画那美妙的世界中。不仅如此，郁金香还让她获得了人们的认可，给她带来了快乐——她的两幅郁金香画获得了国际奖。

→水彩画《郁金香 I》(2018)，
尺寸：22 cm × 35 cm

←水彩画《郁金香 II》(2018)，
尺寸：36 cm × 50 cm

香堇菜

Viola odorata

纵览古今识此花

香堇菜不仅非常好看，气味及味道也极其美妙！奥地利皇后伊丽莎白（Elisabeth，即茜茜公主）就喜欢吃用香堇菜花瓣制成的蜜饯干，那融化在舌尖上的绝妙感觉就像在天堂一般。今天，在维也纳霍夫堡皇宫附近的德梅尔宫廷糖果店里，仍然出售香堇菜蜜饯糖果，这些糖果仍然保留着奥匈帝国君主统治时期的制作方法，仍然包装在老式糖果盒里出售。茜茜公主非常喜欢享用的一种冰镇果子露，就是用压榨的香堇菜花瓣汁与糖、水和一点香槟酒或甜酒调制而成的。

香堇菜可药用，有清热解毒等功效，主要用于治疗感冒发烧、淋巴结肿大、胆囊炎等病症。民间有种说法，认为香堇菜具有魔力且能透露财宝被藏在哪里。据说，香堇菜的花瓣还向古希腊人揭示了特洛伊战争会持续十年，且胜利将取决于一个计策（木马计）。一些人相信，无论是谁，如果他用所看到的第一株香堇菜擦拭眼睛，一年内都不会患眼疾。如果把香堇菜的根绑在腿上，穿戴者会成为跑得最快的人。

香堇菜属于堇菜科，原产于欧洲、亚洲、非洲。如今分布在北欧各国、美国、中国和新西兰等国家。在花语里，香堇菜代表谦逊质朴。

以画为媒颂花魂

香堇菜就是这样的一种植物，虽然外表不引人注目，但是一到春天，在其生长的地方，美丽的风景中总会飘荡着它们所散发出的优雅芳香。要想仔细欣赏其娇美的姿态，人们必须倾身去接近才行。有一年春天，考尔科娃的花园里长出了一些香堇菜，由于其根状茎比较容易繁殖，她就一直期盼着每年都能看到更多的香堇菜绽放在花园中。

←水彩画《香堇菜的夜景画》（2021），采用水粉画法，尺寸：39 cm × 57 cm

三色堇

Viola wittrockiana

纵览古今识此花

由于三色堇的花有 3 种颜色，因此在基督教中它象征着神圣三位一体（圣父、圣子和圣灵）。在描绘圣母马利亚（Virgin Mary）的画中，三色堇常常与耧斗菜和百合花一起出现。

三色堇的娇美传递着很多信息。民间有种说法，佩戴三色堇的人会获得心爱之人的爱，或能治愈悲伤，或者避免被他人嫉妒。

那些喜欢追求美观的厨师们，常用三色堇艳丽的花瓣来装点甜品、沙拉、露馅三明治和开胃小菜。

三色堇属于紫堇科植物，是由野生三色堇（Viola tricolor）、山堇菜（Viola lutea）、簇生堇菜（Viola cornuta）杂交而来的，18 世纪初首先在英国被培育成功，然后便传播开来。此后，从秋天直到冬天第一场雪，在世界各地的花坛和花盆中都可见到它们的倩影。

收到三色堇的人，一定要留心它所传递出的信息，送花人是在说：你为什么对我如此冷酷？

以画为媒颂花魂

春天伊始，万物复苏，于是，考尔科娃住地附近的花店便浸没在一片色彩艳丽的三色堇花海之中。这些花儿美得让她无法抗拒，因此最终会购买一些放到家里窗台之上，而且还忍不住拿起画笔，开始作画。

画这些花的时候，令她最开心的是，没有任何两朵花长得完全一样，它们都各具特色，又似乎都在静静地倾听，从而带来不一样的心灵感触。

←水彩画《三色堇 I》（2018），尺寸：26 cm × 25 cm

↑水彩画《三色堇 II》(2018)，
尺寸：26 cm×25 cm

↑水彩画《三色堇 III》(2018)，
尺寸：26 cm×25 cm

↑水彩画《三色堇 IV》(2022),
尺寸：26 cm × 25 cm

喇叭钟花

Campanula patula

纵览古今识此花

据传说，耶稣和他的门徒们在赶路途中曾来到一座教堂，门徒之一彼得请求神父敲响教堂的钟，以便基督徒们能前来聆听耶稣布道。然而，主持这座教堂的神父很自傲、任性，他拒绝了彼得的请求，因为他不相信看上去如此平易朴实的人会是耶稣及其弟子们，认为他们肯定会披金甲、骑高马的。于是，他赶走了这些人。彼得想亲自去敲钟，但被耶稣制止了，因为他不想惹怒神父。就这样，他们继续赶路。不一会儿，就来到了一棵酸橙树下稍作休息，四周的草地上长满了各种鲜花，其中并没有铃铛样的鲜花。耶稣和他的门徒们就这样睡着了。当他们醒来时，草地上却长满了开着蓝铃铛般的花朵。当耶稣宣布他要开讲时，弟子们都很纳闷，这里一个听众都没有啊？此时钟声响起，附近村庄的所有人都急忙赶了过来，只有那个神父没有来，因为这钟声不是敲给他听的。当赶来的人们询问钟声来自何方时，耶稣回答，来自草地上的那些铃铛般的花朵，并说因为神父不相信自己及弟子们的身份，因此没有敲响教堂的钟声。

此花便是风铃草。在花语里，风铃草传递的信号是：我什么时候能再见到你？

这种雅致的铃状蓝花属于桔梗科风铃草属植物，有大约 450 个品种，在许多假山庭园和花坛之中，常能看到它们美丽的身影。在欧洲许多地区的牧场草地中也常能看到点缀其间的风铃草，但在欧洲南部和很靠北的地区并不常见。

以画为媒颂花魂

想象一下，如果一片牧场中长满了风铃草，像钟琴一般同时奏响，那将何等美妙！当考尔科娃不停地赶制这幅画的时候，在心里就一直在想象着这样一幅景象：几十朵，不，是数百朵，在微风吹拂下，银铃般悠扬的音符飘荡在美丽的牧场上空，这该是多么美好的景色啊！

←《草甸喇叭钟花》（2021），尺寸：37 cm × 58 cm

译者后记

古往今来，人们从不吝啬对花的赞美之词，也赋予了花以各种人性品格和寓意。文学家、诗人、建筑学家、画家等艺术家们对花的兴趣更是经久不衰。

大约 17 世纪之后，花卉成为西方静物画中的常见题材，并诞生了许多经典名作，如大安布罗休斯・薄斯查尔特的《玻璃瓶中的花束》，文森特・凡・高的《向日葵》，爱德华・马奈的《紫丁香与玫瑰》，莫奈的《睡莲》等。然而，那个时期的画作，有一些是借花朵的娇嫩与美丽抒发人生苦短，世事无常等忧郁之情的。

然而，捷克女画家帕夫琳娜・考尔科娃的花卉水彩画都蕴含着一股积极向上的活力，表达的是一种对艺术的激情，传递的是一种对生活的挚爱，从而受到了当今许多艺术爱好者的追捧。她是当代世界知名的植物艺术家，出于对花的热爱与敬重，放弃了原本稳定且受人尊敬的教师或园林景观设计师工作，毅然投身到绘画艺术中，将自己对鲜活生命的热爱与对笔墨丹青的钟情有机结合在一起，在这条艺术之道上取得了令人敬佩的成果。

《花之魂》是一部以考尔科娃的花卉水彩画为载体，配以相关花卉知识以及创作心得感悟的书籍，内容简洁、活泼、有趣，既让读者一饱精美画作之眼福，又让读者了解了花卉背后的传说与故事，更可体会作者那种与众不同的审美视角。考尔科娃在画作中所追求的不仅是花卉的感官之美，更是从精神情感等视角对花进行审视，用画笔展现花的内在气质与灵魂。她将自己对花的热爱与敬重都融入粉墨水彩之中，让花的风姿与神韵跃然纸上，甚至让人产生一种想置身其中去触摸花朵的冲动。

花是自然的精灵，花是上天的馈赠。然而，再美的花容也总有凋零之时，但变化的只是外在之形，永恒的却是内在之魂。我们需要一双慧眼去发现美，需要一双巧手去展现美。正如英国画家和诗人威廉·布莱克所说：一沙一世界，一花一天堂，掌中生无限，瞬时育永恒。这也是考尔科娃对花卉绘画艺术的一种理解与追求。

正如作者所言，希望本书能给读者带来快乐，就像花儿给她带来快乐一样。作为译者，我也真诚希望本书能激发读者对美好世界、美好生活的向往与追求。

燕子

2023 年 12 月